Madhuresh Kumar

Marcadores moleculares importantes de pré-cancro e cancro orais: uma visão geral

Madhuresh Kumar

Marcadores moleculares importantes de pré-cancro e cancro orais: uma visão geral

ScienciaScripts

Imprint
Any brand names and product names mentioned in this book are subject to trademark, brand or patent protection and are trademarks or registered trademarks of their respective holders. The use of brand names, product names, common names, trade names, product descriptions etc. even without a particular marking in this work is in no way to be construed to mean that such names may be regarded as unrestricted in respect of trademark and brand protection legislation and could thus be used by anyone.

Cover image: www.ingimage.com

This book is a translation from the original published under ISBN 978-620-2-06912-0.

Publisher:
Sciencia Scripts
is a trademark of
Dodo Books Indian Ocean Ltd. and OmniScriptum S.R.L publishing group

120 High Road, East Finchley, London, N2 9ED, United Kingdom
Str. Armeneasca 28/1, office 1, Chisinau MD-2012, Republic of Moldova, Europe
Printed at: see last page
ISBN: 978-620-8-23274-0

ÍNDICE

CAPÍTULO 1

INTRODUÇÃO

O carcinoma de células escamosas oral (CCEO) é o cancro mais comum da cavidade oral, abrangendo 90% de todas as neoplasias malignas orais, com cerca de 300 000 novos casos anuais em todo o mundo.[1] Globalmente, é um dos dez cancros mais comuns. A Índia lidera o mundo com a sua elevada taxa de cancro oral. Representa cerca de 45-55% dos casos diagnosticados no mundo. Na Índia, a taxa de cancro oral é de 30 a 50% entre a população total de tumores. Todos os anos, são diagnosticados cerca de 80000 novos casos na Índia.

Os CCEO são por vezes precedidos de lesões pré-cancerosas, por exemplo - leucoplasia, eritroplasia, quelite acitínica e queratose plalatal. A leucoplasia é a doença potencialmente maligna mais comum da cavidade oral, sendo que aproximadamente menos de 2% dos casos podem sofrer transformação maligna por ano. Estudos longitudinais de populações rurais na Índia revelaram que 80% dos cancros orais são precedidos de lesões ou condições pré-cancerosas, ao passo que estudos sobre populações ocidentais indicam que um certo número de cancros surge de novo a partir de mucosa clinicamente normal.

As caraterísticas clínicas e histológicas, por si só, não podem prever com exatidão se as doenças potencialmente malignas da mucosa oral permanecem estáveis, regridem ou progridem para malignidade. Algumas delas, com ou sem displasia epitelial, podem transformar-se em CCEO invasivo.

O sistema habitual de classificação da displasia epitelial oral em displasia ligeira, moderada e grave não permite prever com exatidão quais os casos que podem eventualmente evoluir para malignidade. Muitos observaram que os pré-cânceres com displasia epitelial demonstraram evoluir para cancro mais rapidamente do que as lesões sem displasia. No entanto, nem todas as displasias epiteliais evoluem para cancro e algumas demonstraram regredir com o tempo. A falta de objetividade dos critérios histológicos estabelecidos, nomeadamente a divisão arbitrária da classificação e as dificuldades em prever o resultado de casos individuais, exige a identificação urgente de marcadores mais fiáveis.

A carcinogénese oral é um processo multifatorial altamente complexo que ocorre quando as células epiteliais são afectadas por várias alterações genéticas. Foi demonstrado que muitos genes e vias de sinalização estão envolvidos no desenvolvimento do CCEO. Estas incluem alterações nos genes/vias que controlam a sinalização celular, o ciclo celular, a apoptose, a estabilidade genómica, o citoesqueleto, a angiogénese, etc. Vários genes/vias estão envolvidos na progressão do estado normal para metaplásico/displásico e, subsequentemente, para cancro.

A utilização de técnicas de biologia molecular para o diagnóstico de lesões orais pré-cancerosas e cancerosas pode melhorar significativamente a deteção de alterações invisíveis ao microscópio. Isto ajudaria a identificar os pacientes com maior risco de desenvolver cancro oral. Apesar dos avanços no tratamento do cancro oral, a sobrevivência destes pacientes continua a ser muito baixa, principalmente devido ao seu elevado risco de desenvolver um segundo cancro.

Os marcadores mais relevantes para o pré-cancro e cancro orais são o EGF e o seu recetor (que estão relacionados com a proliferação celular); o gene supressor de tumores p53; a molécula angiogénica VEGF; o Ki-67; a Ciclina DI; a Integrina e as Caderinas (reguladores das adesões celulares). Apesar das provas convincentes sobre a importância destes marcadores biológicos, a sua aplicação clínica é ainda limitada. A este respeito, são necessários esforços para estabelecer uma melhor correlação entre os estudos experimentais e o cenário clínico. Sem dúvida, isto resultaria numa determinação mais exacta do prognóstico e em novos avanços terapêuticos para o CCEO.

CAPÍTULO 2

VISÃO GERAL

A carcinogénese é o processo pelo qual as células normais sofrem uma transformação maligna, na sequência de várias alterações genéticas e epigenéticas. O cancro inicia-se quando as células apresentam uma proliferação descontrolada. O processo maligno envolve danos no DNA, levando a alterações na produção e/ou função de determinadas proteínas. Estas alterações podem ocorrer por falhas durante a replicação do ADN, ou por deficiências do seu mecanismo de reparação. As alterações no DNA responsáveis pelo cancro ocorrem geralmente em genes que regulam o ciclo celular, o crescimento e a diferenciação, os quais são classificados em oncogenes e genes de supressão tumoral. Os oncogenes têm origem nos proto-oncogenes; estes últimos genes estão envolvidos em mecanismos básicos de regulação do crescimento celular normal e incluem factores de crescimento, receptores para factores de crescimento, transdutores de sinal e factores de transcrição nuclear. A maioria dos oncogenes implicados noutros tipos de cancro também contribuem para o CCEO.[1]

Vários marcadores moleculares implicados na carcinogénese do CCEO têm sido avaliados por muitos investigadores, incluindo moléculas envolvidas na regulação do ciclo celular, apoptose, angiogénese, sistema de reparação do ADN e degradação da matriz extracelular. A identificação destas moléculas através da análise da expressão do ADN, ARN e proteínas pode permitir o diagnóstico precoce, para além de prever melhores alternativas terapêuticas. As técnicas mais utilizadas têm sido o microarray de cDNA, PCR, hibridização in situ, imunohistoquímica (IHC), ELISA e western-blot, entre outras. No entanto, a evidência disponível sobre os marcadores moleculares ainda permanece inconclusiva. Por conseguinte, existe uma necessidade contínua de definir os marcadores biológicos mais importantes para a progressão e invasividade do CCEO.[1]

O objetivo da presente dissertação bibliográfica é delinear o conhecimento atual sobre o papel de alguns marcadores biológicos tumorais na carcinogénese do pré-cancro e cancro orais, através da revisão da investigação anterior neste campo. Procurou-se apontar os marcadores moleculares mais estudados do CCEO.

ALTERAÇÕES CITOGENÉTICAS E EPIGENÉTICAS

INSTABILIDADE CROMOSSÓMICA:

A abordagem molecular mais utilizada para a perda de material genético é o estudo da perda de heterozigotia (LOH), que se baseia na deteção de diferenças entre alelos maternos ou paternos normais no ADN constitucional (normal) e os seus homónimos no tecido tumoral. Vários investigadores, utilizando marcadores de microssatélites, demonstraram que as alterações em determinadas regiões dos cromossomas 3p, 9p, 17p e 18q estão relacionadas com o desenvolvimento do CCP. Vários estudos identificaram alterações genéticas específicas em CCEOs e lesões pré-cancerosas orais. Bockmuhl *et al.*, utilizando a hibridação genómica comparativa, encontraram deleções dos cromossomas 3p, 5q e 9p com ganho de 3q no CCP bem diferenciado *versus* deleções de 4q, 8p,llq,13q,18q e 21q e ganhos de lp,l Iq, 13,19 e 22q no CCP pouco diferenciado, indicando uma relação com a progressão do tumor. Os investigadores que utilizaram novas técnicas moleculares, *por exemplo,* testes de microssatélites e de polimorfismo de comprimento de fragmentos de restrição (RFLP), descobriram que a alteração genética mais comum é a perda da região cromossómica 9p21-22 (que contém o gene *pl6INK4a/pl4ARF/CDKN2A),* um evento precoce em 70% de todos os HNC.[2]

A perda da região 3p é outra alteração citogenética precoce na carcinogénese oral. A amplificação de 11 ql 3 foi observada em cerca de um terço dos cancros da cabeça e do pescoço. A perda da região cromossómica 17pl3 é considerada um efeito tardio na progressão do CCP. A perda da região cromossómica 17pl3 é considerada um efeito tardio na progressão do CCP. Um estudo retrospetivo de Mao *et al.* demonstrou que as lesões pré-cancerosas com perda dos cromossomas 9p21 e 3pl4 são mais prevalentes em doentes que subsequentemente desenvolvem um CCP. Outro estudo de doentes com lesões benignas ou pré-cancerosas com DDE demonstrou que aqueles com perdas de apenas 3p e 9p tinham um risco 3,8 vezes superior de progressão do cancro, enquanto aqueles com perdas de 4q, 8p, llq e 17p tinham um risco 33 vezes superior.[2,42]

ALTERAÇÕES EPIGENÉTICAS.

Existe um interesse considerável no papel das alterações epigenéticas no cancro. A metilação é uma modificação epigenética através da qual a atividade genética é controlada pela adição de grupos metilo (CH3) a determinadas citosinas do ADN. A maioria das metilações ocorre em citosinas de nucleótidos CpG (citosina e guanina separadas por um fosfato) e estão presentes de forma normal nas regiões promotoras de determinados genes. As ilhas CpG actuam diretamente inibindo a ligação dos factores de transcrição ao ADN ou recrutando proteínas que activam as histonas desacetilases (HDAC), que contêm complexos co-repressores adicionais à metilação do ADN.[2,42]

GENES SUPRESSORES DE TUMORES

Os genes supressores de tumores codificam proteínas que normalmente transduzem sinais negativos de regulação do crescimento. Estes genes estão frequentemente envolvidos na regulação do ciclo celular, incluindo a paragem do ciclo celular e a apoptose. Os genes supressores de tumores são inactivados por qualquer um de vários mecanismos, incluindo mutações pontuais e/ou deleção, em ambos os alelos do gene, de uma forma "two hit". Quando estes genes são inactivados, a célula escapa ao controlo apertado do ciclo celular, predispondo-a para um crescimento e divisão descontrolados, o que contribui para o fenótipo maligno. Os genes supressores de tumores incluem o gene do retinoblastoma (Rb), pl6, pl5, p21 e p53.[2]

Muitos genes supressores de tumores codificam proteínas inibidoras do ciclo celular e, quando a sua expressão se perde, a progressão no ciclo celular aumenta. Em última análise, tanto a perda de sinais inibidores do crescimento como a aquisição de sinais de crescimento auto-suficientes através da ativação de oncogenes são necessários para o desenvolvimento do cancro. Os sinais inibidores do crescimento são fortemente regulados por interações entre a quinase dependente da ciclina (CDK), a ciclina e o produto do gene do retinoblastoma *(Rb)*. Além disso, as proteínas codificadas pelos genes supressores de tumor *pl 6, pl 5, p21* e *p53* também actuam como inibidores da progressão do ciclo celular.

PROTO-ONCOGENES E ONCOGENES

O cancro é causado por alterações nos oncogenes, nos genes supressores de tumores e nos genes de microRNA. Os oncogenes são genes derivados da alteração de proto-oncogenes celulares, que codificam proteínas que medeiam sinais positivos de regulação do crescimento celular e/ou de sobrevivência celular. Quando o proto-oncogene é alterado e anormalmente ativado para se tornar um oncogene, pode promover uma proliferação celular descontrolada, conduzindo à tumorigénese. Alguns dos mecanismos comuns de ativação do oncogene incluem a mutação, a translocação cromossómica, a amplificação do gene e a inserção retroviral.

Os oncogenes são geralmente classificados em grupos funcionais, como se segue:

(i) Factores de crescimento ou receptores de factores de crescimento

(ii) Transdutores de sinal *(ras, raf, stat-3)*

(iii) Factores de transcrição *(myc, fos, jun, c-myc)*

(iv) Reguladores do ciclo celular *(ciclina DI)*

(v) Os envolvidos na apoptose *(bcl-2, bax).*

A amplificação dos genes ocorre durante a progressão do tumor. Os membros de quatro famílias de oncogenes diferentes são frequentemente amplificados: MYC, ciclina DI (ou CCND1), EGFR e RAS. *O MYC* é amplificado no cancro do pulmão de pequenas células, no cancro da mama, no cancro do esófago, no cancro do colo do útero, no cancro do ovário e no cancro da cabeça e do pescoço, enquanto a amplificação do *NMYC* se correlaciona com um estádio avançado do tumor. A translocação t(ll;14) justapõe *CCND1* e elementos potenciadores de imunoglobulina e é caraterística do linfoma de células do manto. A amplificação *do CCND1* também ocorre no cancro da mama, do esófago, hepatocelular e da cabeça e pescoço. *O EGFR* está amplificado no glioblastoma e no cancro da cabeça e do pescoço.

Os microRNAs (miRNAs) são pequenos RNAs não codificantes que medeiam a expressão genética a nível pós-transcricional, degradando ou reprimindo os RNAs mensageiros (mRNA) alvo.[23]

A expressão excessiva de miRNAs oncogénicos pode reduzir os produtos proteicos dos genes supressores de tumores. Por outro lado, a perda de expressão de miRNAs supressores de tumor pode causar níveis elevados de proteínas oncogénicas.

RAS

O Ras é um dos primeiros proto-oncogenes envolvidos na regulação do crescimento celular e na transdução da sinalização celular mitogénica da superfície celular para o núcleo. O gene ras codifica a proteína p21, uma guanosina trifosfatase.

Os membros da família do oncogene ras (H-ras, K-ras e N-ras) sofrem mutações frequentes em muitos cancros.

Os oncogenes RAS (H-ras, K-ras e N-ras), que codificam proteínas com atividade de ligação aos nucleótidos de guanosina e atividade intrínseca de guanosina trifosfatase. Os genes Ras transduzem continuamente sinais através da ligação de tirosina-quinases a serina e treonina-quinases a jusante. Isto induz um crescimento celular contínuo. A mutação dos oncogenes da família RAS tem sido associada à exposição a agentes cancerígenos ambientais. As mutações do K-ras são comuns nos carcinomas do pulmão, do cólon e do pâncreas, enquanto as mutações do N-ras ocorrem principalmente na leucemia mielogénica aguda e na síndrome mielodisplásica.[10]

VÍRUS

Os vírus oncogénicos representam outro fator que pode afetar a regulação do ciclo celular. Existe um interesse crescente no papel da infeção por HPV no CCP. Uma meta-análise efectuada por Miller e Johnstone revelou que a probabilidade de deteção de HPV é 2 a 3 vezes superior na mucosa oral pré-cancerosa e 4 a 5 vezes superior no CCEO do que no epitélio oral normal. Também relataram uma associação frequente entre HPVs de alto risco (HPV 16 e 18) e lesões de CCEO. A transformação oncogénica por estes HPVs depende das oncoproteínas E6 e E7, que se ligam às proteínas p53 e pRb de tipo selvagem e removem a sua capacidade de estimular a reparação do ADN ou a apoptose. Esta inativação das proteínas supressoras de tumor representa um possível mecanismo patogénico.

Vários vírus (por exemplo, HPV, VIH, EBV e HHV-8) têm sido implicados no desenvolvimento de cancros. Nas últimas duas décadas, tem-se especulado que o vírus do papiloma humano (HPV), o agente causal do cancro do colo do útero, está envolvido na etiologia dos cancros da cavidade oral e da orofaringe. Num estudo multicêntrico realizado em nove países para investigar a associação entre o HPV e o cancro oral, o ADN viral foi encontrado em 3,9% dos cancros da cavidade oral e em 18,3% dos cancros da orofaringe. Os autores concluíram que o HPV parece desempenhar um papel etiológico num número significativo de cancros da orofaringe e num subgrupo de cancros da cavidade oral.[3,36]

PLOIDIA DE ADN

A alteração do conteúdo de ADN ou aneuploidia é registada em 50-80% dos carcinomas orais. Especulou-se que as lesões pré-malignas com aneuploidia poderiam transformar-se em malignas mais frequentemente do que as lesões com conteúdo de ADN normal, independentemente do grau histológico de displasia. Provas irrefutáveis sugerem que as anomalias no número de cromossomas são um fator causal e não uma consequência da transformação maligna. As descobertas iniciais sobre o pré-cancro oral indicaram que a análise da ploidia do ADN seria um complemento do diagnóstico histológico. Raimondi et al. aplicaram a análise da ploidia a um modelo de carcinogénese da bolsa de verificação do hamster e demonstraram uma associação entre a aneuploidia e a cancerização do campo. Em seis casos de PVL, os dados de ploidia foram considerados um indicador positivo de transformação em conjunto com a histopatologia. Um estudo recente indicou que as lesões displásicas orais aneuplóides têm um elevado risco de progressão maligna e que a citometria de imagem do ADN pode ajudar a identificar pré-cancros em risco. Nesta série, a aneuploidia foi encontrada em 14/42 (33,3%) das displasias que progrediram, mas em apenas cinco de 44 (11,3%) que não progrediram (P = 0,01). A utilização clínica destas técnicas necessita de ser estudada mais aprofundadamente com amostras maiores.

A deteção de aneuploidia em leucoplasias displásicas e não displásicas aumenta o perfil desta técnica na avaliação do risco. Verificou-se que o aumento gradual das aberrações quantitativas do ADN se correlaciona com o aumento do grau de displasia nas lesões da mucosa oral. No entanto, estes resultados precisam de ser confirmados com estudos multicêntricos num grande número de amostras com dados de seguimento antes de introduzir a técnica na prática de rotina.

A ploidia do ADN de uma célula dá uma medida aproximada da instabilidade genética e da aberração do ADN. Nos cancros, as células diplóides geneticamente estáveis são substituídas por células aneuplóides geneticamente instáveis. Nos carcinomas orais de células escamosas, a aneuploidia do ADN foi estudada por citometria de fluxo e de imagem, e os resultados revelam que existem populações tumorais aneuplóides num elevado número de casos e que o estado de ploidia é um importante fator de prognóstico. Outros estudos, no entanto, não encontraram no estatuto de ploidia do ADN qualquer valor prognóstico. Nas leucoplasias orais, também foram registadas populações aneuplóides com ou sem correlação com o grau de displasia. Uma impressionante série de estudos recentes centrou-se nas medições da ploidia do ADN em doentes com displasias epiteliais orais durante um período de seguimento bastante longo. A aneuploidia do ADN foi um poderoso preditor de desenvolvimento maligno nas leucoplasias e eritroplasias orais, enquanto o conteúdo normal de ADN indicava um baixo risco. Os resultados são de facto promissores; no entanto, apesar de a amostra analisada ser comparativamente grande, o valor clínico deste marcador deve ser avaliado em ensaios prospectivos de grande escala. Além disso, é necessário o desenvolvimento de métodos simples de medição do ADN para o trabalho de diagnóstico de rotina.

TELOMERASE

Os telómeros são a porção de sequências de ADN repetitivo na extremidade de cada cromossoma, contendo 10 a 20 kb de repetições em tandem TTAGGG; que protegem as extremidades cromossómicas da recombinação ilegítima e da degradação das extremidades. O encurtamento do ADN telomérico ocorre em cada ciclo celular. As células humanas perdem aproximadamente 50 a 150 bases do ADN telomérico após cada ciclo celular. Quando é atingido um determinado comprimento (limiar) de redução do ADN telomérico, ocorre a paragem do ciclo celular. Em contrapartida, a maioria das células cancerosas possui um mecanismo que compensa o encurtamento dos telómeros, principalmente através da ativação da enzima telomerase.[3]

A telomerase é a enzima que mantém o comprimento dos telómeros, adicionando as repetições hexaméricas, TTAGGG, às extremidades dos cromossomas, prolongando e mantendo o comprimento dos telómeros e, assim, aumentando o número de divisões que a célula pode sofrer. O ARN da telomerase humana (hTR) actua como um modelo para adicionar telómeros à extremidade dos cromossomas. A transcriptase reversa da telomerase humana (hTERT) é um componente proteico da telomerase e é o componente catalítico da telomerase. A extremidade telomérica do cromossoma pode ligar-se à região molde da hTR e é alongada pela adição das bases complementares ao molde através da subunidade catalítica (hTERT). A telomerase pode também ser activada por oncogenes como o c-myc, H -ras. O SV40 (vírus símio) também ativa a telomerase. Na presença da atividade da telomerase, a erosão das extremidades dos cromossomas é impedida, a replicação celular não é limitada e as células são praticamente imortais. Assim, a ativação da enzima telomerase é um passo importante na carcinogénese humana.

Cerca de 80-90 % dos carcinomas de células escamosas da região da cabeça e do pescoço são positivos para a atividade da telomerase. A maioria dos tumores benignos caracteriza-se pela ausência de telomerase. Por vezes, as lesões leucoplásicas também apresentam atividade da telomerase. Está correlacionada com a atividade proliferativa das células e com a progressão do cancro. A atividade da telomerase está presente em quase 80 % dos tumores malignos das glândulas salivares. A deteção da atividade da telomerase é útil como ferramenta de diagnóstico para carcinomas de células escamosas, carcinomas hepatocelulares, cancros da mama, cancros de células renais e cancros pancreáticos.[3]

PROLIFERAÇÃO CELULAR / CICLO CELULAR MARCADORES REGULADORES

EGFR

O EGF é conhecido por ser mitogénico para muitas células. Foi demonstrado que os carcinomas espinocelulares humanos apresentam uma combinação da secreção constitutiva de TGFa e da expressão excessiva de EGFR, resultando num crescimento autócrino. Em muitos tumores, uma deleção do domínio de ligação ao ligando do recetor do fator de crescimento epidérmico (EGFR), causa a ativação constitutiva do recetor na ausência de ligação ao ligando. Ocorrem mutações no EGFR; tais mutações ocorrem no cancro do pulmão e da mama e nos tumores do estroma gastrointestinal.

O EGFR é um membro de uma família de receptores tirosina quinase ligados à membrana, composta por 4 receptores: erbBl, erbB2, erbB3 e erbB4. Cada membro da família é um polipeptídeo único com um domínio extracelular de ligação ao ligando, uma região transmembranar que ancora o recetor na membrana plasmática e uma região citoplasmática que contém um domínio de tirosina quinase. Os ligandos naturais conhecidos do EGFR incluem o EGF e o TGF. Depois de se ligar a um dos seus ligandos, o EGFR forma um dímero com outra molécula de EGFR e estes receptores autofosforilam-se, conduzindo a uma cascata de eventos de sinalização intracelular, incluindo a ativação das vias Ras/Raf/proteína quinase activada por mitogénio (MAPK), fosfatidilinositol-3-quinase (PI3K), Janus quinase (Jak), transdutor de sinal e ativador da transcrição (STAT) e proteína quinase C (PKC). Estas vias de sinalização, por sua vez, medeiam múltiplas funções, incluindo a proliferação e sobrevivência celular, a invasão, a metástase e a angiogénese.

FACTOR DE CRESCIMENTO TRANSFORMADOR (TGF-α)

Tem as mesmas propriedades biológicas que o EGF e liga-se aos mesmos receptores. Desempenha um papel no desenvolvimento neonatal normal e a sua expressão por células tumorais pode servir de outro exemplo de reexpressão de genes fetais silenciosos durante a oncogénese. '

FACTOR DE CRESCIMENTO TRANSFORMADOR (TGF-β)

Não tem qualquer homologia com o TGF-α ou o EGF. Não se liga aos mesmos receptores e é bastante distinto nas suas propriedades biológicas, dependendo da célula alvo e da presença de outros factores de crescimento. Promove ou inibe a proliferação e é um importante sinal de diferenciação para as células epiteliais brônquicas e destaca-se pelo seu efeito na produção de colagénio e fibronectina pelos fibroblastos.[2,3,42]

Interação com o sistema imunitário: O TGF-β pode ser produzido num tumor por diferentes mecanismos. Os tumores metastáticos libertam um fator coagulante que induz a agregação e a libertação de TGF-β pelas plaquetas. O TGF-β é também segregado pelas próprias células tumorais em grandes quantidades. Actua como um forte fator quimiotático para os monócitos e macrófagos, estimulando-os a segregar interleucina-1 (IL-1). O TGF-β inibe os linfócitos B e T e estimula a fibrose no crescimento de neoplasias malignas.

O fator de crescimento transformador a (TGF-a) e o recetor do fator de crescimento epidérmico (EGFR) estão envolvidos no crescimento e diferenciação normais dos queratinócitos orais. A família EGFR inclui o EGFR (c-erbBl ou Herl), o c-erbB2 (Her2-neu), o c-erbB3 (Her3) e o c-erbB4 (Her4), que têm a capacidade de formar heterodímeros de receptores e de estabelecer ligações cruzadas entre eles. Tanto o EGF como o TGF-a são ligandos que se ligam ao EGFR. Embora a expressão dos factores acima referidos seja amplamente estudada no cancro da cabeça e do pescoço, existem poucos relatos sobre a sua expressão no pré-cancro oral. Sugere-se que o aumento da expressão do TGF-a e do EGFR pode constituir marcadores precoces úteis na carcinogénese da cabeça e do pescoço. '

c-Myc

Myc (c-Myc) é um gene regulador que codifica um fator de transcrição.
Uma versão mutante de Myc é encontrada em muitos cancros, o que faz com que Myc seja expresso de forma constitutiva (persistente). Isto leva à expressão desregulada de muitos genes, alguns dos quais estão envolvidos na proliferação celular, e resulta na formação de cancro.

Uma translocação humana comum que envolve Myc é a t(8; 14), que é fundamental para o desenvolvimento da maioria dos casos de linfoma de Burkitt. Foram também encontradas anomalias no Myc em carcinomas do colo do útero, do cólon, da mama, do pulmão e do estômago. James D. Watson, laureado com o Prémio Nobel, e outros acreditam que o Myc é um alvo promissor para medicamentos anticancerígenos.

No genoma humano, Myc está localizado no cromossoma 8 e pensa-se que regula a expressão de 15% de todos os genes através da ligação a sequências Enhancer Box (E-boxes) e do recrutamento de histona acetiltransferases (HATs). Isto significa que, para além do seu papel como fator de transcrição clássico, Myc também funciona para regular a estrutura global da cromatina, regulando a acetilação das histonas tanto em regiões ricas em genes como em locais distantes de qualquer gene conhecido. [47]

c-Jun

O c-Jun é uma proteína que, nos seres humanos, é codificada pelo gene **JUN**. O c-Jun, em combinação com o c-Fos, forma o fator de transcrição de resposta precoce AP-1. Foi inicialmente identificada como a proteína de ligação **a** Fos **p39** e só mais tarde redescoberta como o produto do gene c-jun. É ativado através de fosforilação dupla pela via JNK, mas tem também uma função independente da fosforilação. O knockout de c-jun é letal, mas os animais transgénicos com uma mutação de c-jun que não pode ser fosforilada (denominada c-junAA) podem sobreviver.

Este gene é o gene de transformação putativo do vírus do sarcoma aviário 17. Codifica uma proteína que é muito semelhante à proteína viral e que interage diretamente com sequências de ADN alvo específicas para regular a expressão genética. Este gene não tem intrões e está localizado em Ip32-p31, uma região cromossómica envolvida em translocações e deleções em doenças malignas humanas. [46]

c-Fos

O c-Fos é um proto-oncogene que é o homólogo humano do oncogene retroviral v-fos. Foi descoberto pela primeira vez em fibroblastos de ratos como o gene transformador do FBJ MSV (vírus do sarcoma osteogénico murino de Finkel-Biskis-Jinkins) e o nome fos deriva do vírus do osteossarcoma felino. Faz parte de uma família maior de factores de transcrição Fos, que inclui c-Fos, FosB, Fra-1 e Fra-2, bem como as variantes de estiramento FosB mais pequenas, FosB2 e deltaFosB2. O c-fos codifica uma proteína de 62 kDa, que forma um heterodímero com o c-jun (parte da família Jun de factores de transcrição), resultando na formação do complexo AP-1 (Activator Protein-1) que se liga ao ADN em locais específicos do AP-1 nas regiões promotoras e potenciadoras dos genes alvo e converte os sinais extracelulares em alterações da expressão genética. Desempenha um papel importante em muitas funções celulares e verificou-se que está sobreexpressa numa variedade *de* cancros.

PCNA

O PCNA é uma proteína nuclear não-histónica de 36 KDa associada à ADN polimerase δ. A expressão do PCNA aumenta durante a fase G1, atinge o pico na fase S e diminui durante a fase G2/M do ciclo celular. O PCNA também está relacionado com outras proteínas associadas à proliferação celular e à reparação do ADN. O antigénio nuclear de células em proliferação (PCNA) foi originalmente caracterizado como uma pinça deslizante de ADN para polimerases de ADN replicativas e como um componente essencial do replisoma de ADN cromossómico eucariótico. [1,42]

Ki67

É uma proteína nuclear de 395- kDa, codificada por um único gene no cromossoma 10 e expressa em células em proliferação ativa. Parece estar localizada no nucléolo e pode ser um componente dos periribossomas nucleolares. É expressa no final do G1 do ciclo celular, aumentando através de S e G2 e atingindo o pico na fase M. Em tecido fixado em formalina, o anticorpo mais utilizado contra este antigénio é o MIB -1.

A imunocoloração Ki67 pode ser útil na avaliação do comportamento biológico dos tumores. Representa um índice de proliferação das células. O índice de marcação Ki67 superior a 20 % demonstrou ser um fator de previsão independente de metástases Q à distância e de mortalidade tumoral.

O Ki67 é um antigénio nuclear que está presente na região pericromossómica durante a mitose e parece ser uma proteína não-histona, representando uma nova classe de proteínas de manutenção do ciclo celular.

Estudos sobre marcadores de proliferação em lesões da mucosa oral mostraram que a expressão do Ki67 está correlacionada com a gravidade da lesão. Para analisar o estado proliferativo de uma célula ou tecido, estão disponíveis vários marcadores, dos quais o Ki67 é o mais utilizado e fiável. Reconhece um antigénio nuclear relacionado com a proliferação, presente em todas as fases do ciclo celular, exceto Go. O índice de proliferação, avaliado pela expressão do Ki67, foi mais elevado nos carcinomas (43%) e mais baixo na mucosa normal (11%).

Nas leucoplasias, a expressão do Ki67 foi intermédia e quase idêntica nas lesões não displásicas (24%) e displásicas (23%). O Ki67 apresentou uma associação mais pronunciada com a progressão tumoral, embora a sua expressão tenha sido mais heterogénea nas leucoplasias orais. Esta variação na expressão pode ser de importância prognóstica para a deteção precoce de lesões pré-malignas.

CICLINAS

As ciclinas estão envolvidas na regulação do ciclo celular. Várias ciclinas são sintetizadas durante fases específicas do ciclo celular. As ciclinas são funcionalmente divididas em dois grupos

>G1 ciclinas (C,D1-D3,E)

> Ciclinas mitóticas (A,B)

As ciclinas G1 regulam a passagem das células pela fase G1 e a sua entrada na fase S e as ciclinas mitóticas actuam facilitando a passagem das células pela fase mitótica. A maioria destes oncogenes promove uma proliferação celular aberrante ao anular os pontos de controlo G/S, G/M e M do ciclo celular.

Ciclina DI

A ciclina DI é um proto-oncogene. Este gene regula o início da síntese de ADN e a transição Gl/S das células. O gene da ciclina DI está localizado na região 1 lql3. A expressão excessiva da ciclina DI aumenta a progressão através da fase G1 do ciclo celular na ausência de estimulação mitogénica extracelular. A sobre-expressão do gene da ciclina DI foi descrita em 25-70% dos cancros orais e numa elevada percentagem de lesões pré-malignas, sugerindo que a amplificação do gene da ciclina DI e a consequente sobre-expressão da proteína são eventos precoces durante a tumorogénese oral. Além disso, a expressão excessiva da ciclina DI tem sido associada a um comportamento tumoral mais agressivo e a um pior prognóstico do que os tumores que não expressam excessivamente a ciclina DI.[31,40]

Ciclina A

Exprime-se a partir do final da fase G1 e atinge o máximo durante a fase S, sendo degradada durante a mitose, imediatamente antes da metáfase. É necessária para a síntese de ADN durante a fase S juntamente com a CDK2 e para a progressão na fase G2/M. A expressão ectópica da ciclina A pode levar a uma proliferação celular independente da adesão e a uma entrada antecipada das células na fase S. A expressão excessiva conduz a um crescimento celular rápido e encontra-se numa variedade de tumores. A expressão excessiva da ciclina A está associada a um aumento do tamanho do tumor, a um aumento do estádio do tumor e a metástases nos gânglios linfáticos. Os mecanismos pelos quais a ciclina A é regulada são a amplificação do gene, a amplificação do ARNm, a ativação do oncogene e a estimulação do fator de crescimento. Um nível elevado de ciclina A está correlacionado com um mau resultado clínico, recorrência da doença e metástases nos gânglios linfáticos cervicais. [45]

Rb

O retinoblastoma (RB) e os seus produtos proteicos p(RB) são o principal regulador da progressão do ciclo celular Gl/S. Encontra-se normalmente num estado hipofosforilado e impede a progressão através dos eventos do ciclo celular. Várias combinações de ciclinas/CDK são capazes de responder a estímulos mitogénicos e inativar a pRB através do processo de fosforilação. Quando é fosforilada, a progressão do ciclo celular ocorre da fase G1 para a fase S. A diminuição da expressão de RB está correlacionada com o aumento da proliferação tumoral e com um pior prognóstico. [14,38]

MELATONINA (MLT)

A melatonina (MLT) é uma molécula segregada pela glândula pineal em períodos cíclicos. Nos mamíferos, a MLT está envolvida em processos fisiológicos, como a regulação do sono / vigília no ciclo circadiano. Tem propriedades antioxidantes e anti-inflamatórias, funciona como imunomodulador e estimula o metabolismo ósseo. A MLT está também envolvida em processos tumorais nos cancros da mama, da próstata, do fígado e dos ossos, entre outros, e em tumores da cavidade oral como o carcinoma epidermoide. Os receptores MT1, MT2, MT3 e RZR parecem desempenhar um papel muito importante no processo tumoral. Estes receptores pertencem a uma grande família de receptores transmembranares acoplados à proteína G, alguns dos quais foram associados à ação anticancerígena da melatonina, ao crescimento do tumor e ao prognóstico.

MARCADORES DE CONTROLO DA APOPTOSE

Bcl-2

O proto-oncogene Bcl-2 foi descoberto no ponto de quebra cromossómico de linfomas de células B humanas com t (14: 18). O Bcl-2 pode inibir a apoptose impedindo a libertação do citocromo c. A alteração da expressão dos membros da família Bcl-2 ou a alteração do rácio entre as proteínas pró-apoptóticas e as proteínas reguladoras da apoptose, favorecendo a inibição da apoptose, promove a progressão do tumor e pode levar à resistência a terapias citotóxicas, como a quimioterapia e a radiação.

O gene Bel -2 codifica uma proteína citoplasmática que se localiza na mitocôndria. É normalmente expresso em vários tipos de células normais, como trofoblastos, túbulos renais e neurónios.

Aumenta a sobrevivência das células O bcl-2 suprime a apoptose de duas formas:

- > Ação direta sobre as mitocôndrias para evitar o aumento da permeabilidade. Bel-2 localizado na membrana mitocondrial externa. A permeabilidade mitocondrial é determinada pelo rácio de membros pró-apoptóticos e antiapoptóticos da família bcl-2 na membrana.
- > Os agonistas da morte provocam alterações na membrana mitocondrial interna e libertam o citocromo c para o citosol. O citocromo c libertado interrompe a ligação entre o bcl-2 e o fator ativador da protease pró-apoptótica (Apaf). Este último ativa uma capsase iniciadora, que dá início aos eventos proteolíticos que acabam por matar as células. O Bcl-2 suprime a apoptose através da inibição da libertação do citocromo c, ligando-se e inactivando o Apaf-1.

A expressão de Bcl-2 prolonga o tempo de vida das células e aumenta o risco de estas adquirirem outras alterações, tais como anomalias cromossómicas e infecções virais que resultam em transformação maligna. A expressão de Bcl-2 foi registada numa variedade de

(carcinoma nasofaríngeo 80%, carcinoma da mama 79%, próstata 76%). A expressão de bcl-2 é muito variável nos tumores malignos epiteliais.

Nos tumores dos tecidos moles, a expressão de bcl-2 é observada no sarcoma sinovial e nos tumores fibrosos solitários e na maioria das entidades que entram no diagnóstico diferencial destas lesões. Por conseguinte, não é aconselhável utilizar imunocolorações de bcl-2 no diagnóstico de tumores dos tecidos moles.

O Bcl-2 é um proto-oncogene que faz parte de uma família composta por membros pró e antiapoptóticos e é um inibidor bem conhecido da apoptose. No entanto, a transcrição de Bcl-2 pode ser desregulada por p53.

Muitos estudos têm sugerido que as alterações genéticas dessas proteínas apoptóticas precedem os eventos morfológicos visíveis na neoplasia. Vários relatórios demonstraram a sobre-expressão de Bcl-2 na displasia epitelial oral. Enquanto alguns relataram a sua natureza esporádica, outros mostraram uma ausência total de expressão de Bcl-2. Os resultados mistos disponíveis sobre a expressão de Bcl-2 e a displasia oral não parecem ajudar a compreender o papel de bcl2 na progressão da displasia. '

Bax

BAX, Bad e BID são proteínas pró-apoptóticas de bcl-2. BAX é uma proteína de 21 kDa. Quando BAX é expresso em excesso nas células, a morte apoptótica em resposta a sinais de morte é aumentada. Nas células viáveis, uma porção substancial de BAX é monomérica e encontra-se no citosol ou solta nas membranas. Na sequência de um estímulo de morte, o BAX citosólico e monomérico transloca-se para as mitocôndrias, onde se torna uma proteína integral de membrana e se liga de forma cruzada como homodímero de BAX. O BAX forma poros condutores de iões distintos. Isto perturba o gradiente eletroquímico e os potenciais da membrana mitocondrial, conduzindo assim à apoptose.

p53

Entre os genes supressores de tumores mais estudados encontram-se o *rb* e o *p53,* que expressam a proteína pRb (proteína do retinoblastoma) e a proteína p53, respetivamente. Estas proteínas controlam o ciclo celular e estão envolvidas na inibição da proliferação celular. As mutações nestas proteínas produzem uma proliferação celular descontrolada. A p53 actua como fator de transcrição de inibidores do ciclo celular, como a *p21 Wafl/Cipl/Sdil*, e impede que a célula ultrapasse a fase G1 do ciclo celular, permitindo a reparação do ADN. Se tal não for possível, o p53 induz a apoptose destas células para evitar a transmissão de informação potencialmente cancerígena.

O gene *p53* está inactivado em cerca de metade dos casos de CCP, mas existe um debate sobre o momento em que esta alteração ocorre na carcinogénese oral. A expressão aberrante do *p53* tem sido relatada em displasias ligeiras por alguns autores, mas em associação com tumores avançados por outros. A sobreexpressão da proteína p53 e a mutação do gene também foram detectadas em OED adjacentes a lesões de CCEO.

Outro gene supressor é o *INK4-ARF,* cujo produto, a proteína pl6, actua como potente inibidor das cinases dependentes de ciclina (CDK4 e CDK6). Assim, a inibição deste fator, juntamente com a sobreexpressão da ciclina DI, aumenta a atividade da CDK4/6 e estimula a proliferação celular. Por outro lado, a substituição de p26 em células tumorais de OSCC teve efeitos anti-tumorais significativos em tecidos de cultura e modelos animais.

O p53 é um gene supressor de tumores, localizado no cromossoma 17pl3.1, que desempenha um papel na progressão do ciclo celular, na diferenciação celular, na reparação do ADN e

apoptose. Trata-se de uma fosfoproteína nuclear que parece regular a transcrição através da paragem das células com ADN danificado na fase G1.

Uma das principais funções do p53 é servir de guardião do genoma. As tensões endógenas ou exógenas, como os danos no ADN, a hipoxia e a ativação de oncogenes, aumentam os níveis de p53, conduzindo a uma paragem do ciclo celular que permite a reparação do ADN. A indução da expressão de p53 também pode ocorrer através de estimulação oncogénica que leva a quebras de cadeia dupla de ADN. Foram encontrados dezenas de genes cuja transcrição é activada pelo p53. Estes podem ser agrupados em duas grandes categorias.

1) Os que provocam a paragem do ciclo celular.
2) Os que provocam a apoptose.

A paragem do ciclo celular mediada pelo p53 pode ocorrer no final da fase G1 e é causada principalmente pela transcrição do p21 dependente do p53. Inibe os complexos de ciclinas e impede a fosforilação da RB, essencial para a célula entrar na fase G1. Esta pausa no ciclo celular é bem-vinda porque dá à célula o "tempo de respiração" para reparar os danos no ADN. O p53 induz certas proteínas, como a GADD45 (Growth arrest and DNA damage), que ajudam na reparação do ADN. Se os danos no ADN forem reparados com sucesso, o bloqueio do ciclo celular será aliviado. Se os danos no ADN não puderem ser reparados com sucesso, ocorrerá apoptose com a ajuda da BAX.

A importância do p53 no controlo da carcinogénese é atestada pelo facto de mais de 70% dos cancros humanos terem um defeito neste gene e os restantes terem defeitos em genes a montante ou a jusante do p53. A perda homóloga do gene p53 ocorre praticamente em todos os tipos de cancro. 25-69% dos cancros orais apresentam defeitos no p53. A mutação ocorre mais frequentemente numa região "hot spot" do códão 238 ao códão 248.

As aberrações do gene p53 são as alterações genéticas mais comuns nos cancros humanos. As mutações do gene p53 resultam normalmente na sobreexpressão e/ou estabilização da proteína p53, mas é importante reconhecer que a estabilização desta proteína também pode ocorrer através da ligação a outras proteínas celulares. A proteína p53 de tipo selvagem tem uma semi-vida curta e não é normalmente detetável por imunohistoquímica. A presença de uma proteína detetável é geralmente considerada como indicativa de uma proteína ineficaz, independentemente do mecanismo de estabilização. Entre os diversos grupos populacionais descritos até à data, foi relatado que 13-80% dos carcinomas orais de células escamosas demonstravam uma proteína p53 estabilizada.

A mutação do gene supressor de tumor p53 pode representar a alteração genética mais comum no cancro humano. A função fisiológica da proteína p53 é evitar a acumulação de danos genéticos nas células, quer permitindo a reparação dos danos antes da divisão celular, quer provocando a morte da célula. A proteína p53 normal tem uma semi-vida muito curta; a sua quantidade nas células normais é extremamente pequena. Por conseguinte, normalmente não é detetável por imunohistoquímica. A proteína p53 mutante tem uma semi-vida prolongada e pode acumular-se nas células até atingir níveis detectáveis. Esta proteína mutante não é normalmente ativa, o que leva à perda da função supressora de tumor da proteína. Mais de 50% dos carcinomas orais de células escamosas são positivos para a proteína p53, e foram documentadas mutações do gene p53.

Sabe-se que a vimentina e a pAKT são expressas em tecidos e linhas celulares de CCEO, mas a implicação prognóstica dessa expressão permanece pouco clara. Verifica-se uma regulação positiva da vimentina e da pAKT em amostras de CCEO em comparação com amostras de tecido compatível não canceroso. Esta regulação positiva não está associada à mastigação de areca. Isto deve-se provavelmente ao facto de a grande maioria dos nossos doentes ser simultaneamente mascadora de areca e fumadora de tabaco, e os factores cancerígenos adicionais do tabagismo também podem atuar como factores de confusão para a ativação da AKT no tecido tumoral. Os doentes com tumores negativos para a vimentina e com fraca imunorreactividade da pAKT têm um melhor prognóstico. Uma vez que o aparecimento da transição epitelial mesenquimal nos tumores tem sido associado à resistência a fármacos quimioterapêuticos em células HNSCC, pode postular-se que a expressão da vimentina pode beneficiar a sobrevivência das células tumorais aumentando a resistência à terapêutica. O extrato de noz de areca (ANE) ativa a AKT, o que resulta na regulação positiva da vimentina. Os resultados também sugerem que os inibidores que têm como alvo a PI3K/AKT podem reduzir a expressão da vimentina associada à areca e a patogénese colectiva.

INIBIDORES DA QUINASE DEPENDENTES DA CICLINA

Existem duas famílias gerais de CDKIs: a família p21 (p21, p27 e p57) e a família INK4. A p21 foi o primeiro inibidor de CDK identificado. A p21 é um importante inibidor do ciclo celular. A p21 interage com a ciclina/CDK e esta interação leva à paragem do ciclo celular. Assim, a p21 desempenha um papel importante na mediação das funções de supressão do crescimento e de promoção da apoptose da p53. A baixa expressão de p21 está correlacionada com taxas de sobrevivência baixas. p27, um inibidor de CDK, inibe a progressão do ciclo celular e medeia a paragem de G1. A expressão reduzida de p27 é demonstrada em carcinomas orais de células escamosas. A perda da expressão normal de p21 foi documentada em lipossarcomas, mas ainda não foi demonstrada a sua importância prognóstica.

TINTA 4 FAMÍLIAS DE GENES

A família de genes INK 4 (Inhibitors of CDK4) é constituída por várias proteínas - pl5, pl6, pl8, pl9 - que parecem atuar principalmente na fase G1 do ciclo celular, a pl6 liga-se às cinases dependentes da ciclina. [14]

CDK4 e CDK6 para inibir a proliferação celular, impedindo a entrada na fase S do ciclo celular. O achado frequente de mutação do gene pl6 / perda da sua expressão em lesões orais displásicas e neoplásicas indica que este pode ser um passo inicial na carcinogénese. A perda de pl6 é frequentemente observada em muitos cancros humanos, incluindo os cancros orais. O pl6 pode ser inactivado através de diferentes mecanismos, incluindo mutação, deleção ou hipermetilação do promotor. Uma vez que a pl6 está tão amplamente alterada no cancro da cabeça e do pescoço, é um alvo atrativo para novas técnicas terapêuticas moleculares. A diminuição do nível de pl6 está associada à progressão do tumor, a metástases nodais e a um mau prognóstico. p27 é um inibidor da quinase dependente de ciclina da família KIP. A perda da expressão de p27 tem sido implicada na transformação maligna dos neurofibromas.

A PTEN (Phosphate and tensin homologue) é uma proteína de fosfato duplo capaz de modular os receptores de membrana e a interação entre os estímulos celulares e extracelulares. A expressão de PTEN está tipicamente localizada no citoplasma, por vezes perto da membrana celular. A PTEN foi identificada como um gene supressor de tumores no cromossoma 10q23, frequentemente mutado numa grande variedade de cancros humanos, como os gliomas, os cancros da próstata, do pulmão, da mama e da orofaringe. O principal substrato da PTEN é um resíduo lipídico presente na membrana celular: o fosfatidil inositol trifosfato (PIP-3). A PTEN é capaz de clivar o fosfato D3 do PIP-3, diminuindo assim o seu nível nas células. A principal função da PTEN é a regulação negativa dos níveis de PIP-3. Os níveis de PIP-3 regulam a ativação da via da proteína quinase B, que é protetora contra a morte celular programada. A PTEN também regula o estado de fosforilação da FAK (quinase de adesão focal) que, por sua vez, regula a adesão e a migração celular. Em resumo, a perda da função PTEN resulta numa alteração da sinalização mediada por integrinas através das vias FAK e PIP-3, o que resulta num fenótipo invasivo. A coloração positiva para PTEN é observada em carcinomas de células escamosas orais bem diferenciados. Um nível diminuído de PTEN está correlacionado com metástases e invasividade tumoral. [45]

Sobrevivência

A survivina é um membro da família dos inibidores da apoptose (IAP). A proteína survivina funciona para inibir a ativação da caspase, conduzindo assim à regulação negativa da apoptose ou morte celular programada. Este facto foi demonstrado pela perturbação das vias de indução da survivina, que conduz a um aumento da apoptose e a uma diminuição do crescimento tumoral. A proteína survivina tem uma expressão elevada na maioria dos tumores humanos e nos tecidos fetais, mas está completamente ausente nas células terminalmente diferenciadas. Estes dados sugerem que a survivina pode constituir um novo alvo para a terapêutica do cancro, capaz de distinguir entre células transformadas e células normais. A expressão da survivina é também altamente regulada pelo ciclo celular e só é expressa na fase G2-M. Sabe-se que a survivina se localiza no fuso mitótico através da interação com a tubulina durante a mitose e pode ter um papel importante na regulação da mitose. Os mecanismos moleculares de regulação da survivina ainda não são bem conhecidos, mas a regulação da survivina parece estar ligada à proteína p53. É também um gene alvo direto da via Wnt e é regulado positivamente pela beta-catenina. [42,48,50]

Perforina e Granzima B

A perforina e a granzima B (GB) são os principais constituintes dos grânulos dos linfócitos T citotóxicos e desempenham um papel importante na prevenção do início e da progressão do cancro. Foi encontrada uma maior expressão de células CD8+ / perforin+ e GB+ no carcinoma espinocelular do lábio quando comparado com as amostras de CECP, LK não displásico e displásico, AC, LP oral e mucosa oral normal. Além disso, foi observado um aumento do número de células CD8+ / perforina+ e GB+ em todas as lesões pré-malignas (LK não displásico, LK displásico, AC) quando comparado com o controlo. As proteínas perforina e GB podem contribuir para a imunidade antitumoral, levando à morte direta de células tumorais; no entanto, parece ocorrer de forma mais eficaz no CECP do que no CECO. [24]

MARCADORES DE ANGIOGÉNESE

VEGF

O VEGF é uma glicoproteína homodimérica de ligação à heparina. O VEGF, também conhecido como VEGF-A, pertence a uma família de genes que inclui o fator de crescimento placentário (P1GF), o VEGF-B, o VEGF-C, o VEGF-D e o VEGF-E. O VEGF-B desempenha muito provavelmente um papel importante na vasculogénese.

O VEGF desempenha um papel fundamental na regulação da angiogénese normal e patológica. O VEGF promove a diferenciação dos precursores celulares em células endoteliais e a sua formação inicial num plexo vascular primário. Em seguida, induz e orienta o brotamento angiogénico para expandir e a proliferação de células endoteliais, a cobertura de pericitos e a distribuição de artérias e veias.

Além disso, o VEGF induz a vasodilatação, aumenta a permeabilidade dos leitos vasculares e a permeabilidade dos vasos. Também aumenta a proliferação, migração e diferenciação das células endoteliais.

A atividade do VEGF é mediada por três receptores tirosina-quinases: VEGFR1 (FLT1), VEGFR2 (FLK1-KDR) e VEGFR3 (FLT4). A ativação do VEGFR-1 promove a migração das células endoteliais, mas não induz a proliferação celular. O VEGFR-2 é o principal mediador da mitogénese, proliferação e sobrevivência das células endoteliais. É também essencial para a diferenciação das células endoteliais e para a indução da permeabilidade dos microvasos. O VEGFR 3 promove a linfangionese.

A angiogénese é uma caraterística importante do desenvolvimento do cancro. Uma vez que o crescimento do tumor é limitado a 1-2 mm na ausência de perfusão adequada, os tumores sólidos precisam de desenvolver um fornecimento de sangue para crescerem e metastizarem. Isto ocorre através de uma alteração no equilíbrio entre factores pró-angiogénicos e anti-angiogénicos.

Alguns dos principais sinais pró-angiogénicos incluem o fator de crescimento endotelial vascular (VEGF), o fator de crescimento derivado das plaquetas (PDGF), os factores de crescimento dos fibroblastos (FGF 1 e 2) e a IL-8. Os principais reguladores negativos da angiogénese incluem os interferões, fragmentos proteolíticos como a angiostatina e a endostatina, e a trombospondina-1. '

O VEGF desempenha um papel crucial na progressão do tumor, na invasão hematogénica e no prognóstico. Devido à sua influência na metástase e progressão, desempenha um papel importante na progressão do carcinoma espinocelular oral. A taxa de sobrevivência é pior em doentes com elevada expressão de VEGF. Os factores que induzem a expressão do VEGF são a hipoxia, os níveis de citocinas e a mutação do p53. '

Integrinas

As integrinas são uma família de moléculas de adesão à superfície celular que medeiam as interações célula-célula e célula-matriz extracelular, desempenham um papel importante na regulação das interações celulares durante o crescimento, o desenvolvimento, a diferenciação e as respostas imunitárias, e a expressão aberrante de integrinas está implicada na invasão e metástase das células tumorais. Cada integrina é constituída por um heterodímero de subunidades da glicoproteína transmembranar a e 0, sem ligação entre si.

A mucosa oral normal expressa o integral a_6 β4, bem como membros da família e β_1 , incluindo α_2 β1, α_3 β_1 e α_5 β_1 . Os integrais β_1 medeiam a adesão a uma grande variedade de proteínas da matriz extracelular, enquanto α_6 β_4 é um componente dos hemidesmossomas e, em circunstâncias normais, medeia a ligação estável à membrana basal. A subunidade de integrina α_v associa-se a várias subunidades β, incluindo β β $\beta_{1;3;5;6)}$ βe $\beta_{8.}$ Os ligandos para estas integrinas foram identificados; α_v β_1 liga-se à fibronectina; α_v β_5 liga muitos ligandos, incluindo lamininas, colagénios, fibronectina e vitronectina; α_v β_5 parece ser um recetor de vitronectina; e α_v β_6 pode ligar-se à vitronectina, fibronectina e tenascina. A subunidade da integrina α_v é apenas fracamente expressa na mucosa oral normal, mas a sua expressão aumenta acentuadamente durante a cicatrização de feridas. [9]

Estudos anteriores mostraram uma expressão alterada das integrinas α_v em carcinomas da mama e renais, mas a subunidade β associada não foi identificada. BREUSS *et al* propuseram que a α_v β_6 era a única integrina α_v com um papel importante na migração de células tumorais epiteliais. No entanto, um estudo recente mostrou que α_v β_5 também é expressa em carcinomas orais, α_v β_5 foi expressa no epitélio oral normal e pode ser que a expressão reduzida em lesões pouco diferenciadas desempenhe um papel na progressão do tumor. '

Foi demonstrado que existe uma alteração numa$_v$ integrina no carcinoma espinocelular oral com expressão reduzida de α_v β_5 . Estas alterações podem contribuir para o comportamento anormal das células epiteliais malignas, estando a perda de α_v β_5 associada a uma falha na diferenciação normal e a expressão de α_v β_6 , desempenhando um papel na progressão do tumor ao promover a proliferação e migração do epitélio. Outros estudos investigarão como a expressão de α_v β_5 e α_v β_6 é regulada em queratinócitos orais normais e malignos. [9]

A deposição de perlecano, um proteoglicano de sulfato de heparina, é aumentada nos focos de carcinoma oral in situ (CIS), enquanto muda dinamicamente dos focos de CIS para o espaço estromal no carcinoma de células escamosas, α-distroglicano e integrina β1 foram identificados como dois dos receptores de perlecano. Em epitélios normais, o α-distroglicano e a integrina β1 estavam localizados na membrana celular das células basais, enquanto o perlecano estava fracamente presente nos espaços intercelulares das células parabasais. Na displasia epitelial e no CIS, o a-distroglicano e o perlecano estavam bem colocalizados na camada epitelial, especialmente na sua metade inferior, e esta colocalização estava maioritariamente sobreposta a zonas de células Ki-67-positivas (+). No entanto, no CEC, o a-distroglicano não foi localizado nem nos ninhos de células do carcinoma nem no estroma, enquanto o perlecano desapareceu dos focos de CEC mas emergiu no espaço estromal, deixando as células integrina β1+ e Ki-67+ apenas na periferia dos focos de CEC. Os resultados sugerem que o α-distroglicano e a integrina β1 actuam como receptores de perlecano nas lesões pré-cancerosas orais antes da invasão e que os sinais de perlecano através dos dois receptores diferentes funcionam na diferenciação celular e na proliferação das células CIS, respetivamente.

ADESÃO CELULAR / MARCADORES DE METÁSTASES

Ciclo-oxigenase

A ciclo-oxigenase (COX) catalisa a etapa que limita a taxa de conversão do ácido araquidónico em prostaglandinas e tromboxanos. São conhecidas duas isoenzimas. A COX-1 é constitutiva e é expressa na maioria das células para a manutenção da função homeostática, ao passo que a COX-2 é induzível e normalmente não é detetável nos tecidos em condições fisiológicas normais. A última é responsável pelo aumento da produção de prostaglandinas associado à inflamação e à doença. A COX-2 inibe a apoptose, promove a angiogénese e aumenta a capacidade de invasão das células malignas.

Pensa-se que o aumento da COX-2 é um fator-chave na transformação maligna em muitos tecidos e, em modelos animais carcinogénicos, a expressão da COX-2 é suficiente para transformar células normais em neoplasias malignas. Além disso, a expressão da COX-2 foi registada em muitos carcinomas humanos diferentes, incluindo o carcinoma espinocelular da cabeça e do pescoço. Os estudos sobre a COX-2 e o CECP apresentam resultados inconclusivos e o seu valor prognóstico ainda não é claro. '

Sindecan-1

O sindecano-1 é um membro de uma família de HSPGs de superfície celular, que consiste em pelo menos quatro membros denominados sindecanos 1 a 4. Todos eles têm domínios transmembranares e citoplasmáticos homólogos, mas os seus domínios extracelulares são diferentes. O sindecano-1 foi originalmente encontrado na superfície de células epiteliais normais da glândula mamária murina e, até à data, é o membro mais estudado da família dos sindecanos. Sugere-se que o sindecano-1 actue como um recetor da matriz, uma vez que se liga a várias moléculas da MEC através das suas cadeias de sulfato de heparano e contacta com o citoesqueleto através do seu domínio citoplasmático.

Durante a organogénese e a formação de tecidos, a expressão do sindecan é estritamente regulada e segue as fronteiras morfogenéticas em vez das histológicas, estando correlacionada com as interações recíprocas epiteliais-mesenquimais.

Num adulto normal, o sindecan-1 é expresso principalmente no tecido epitelial, onde a expressão mais forte se encontra no epitélio estratificado nos contactos célula-célula nos queratinócitos epidérmicos, o que sugere que o sindecan-1 está envolvido na adesão intercelular dos queratinócitos. Nos queratinócitos, o sindecano-1 está localizado na superfície celular, predominantemente nas camadas celulares suprabasais, enquanto a camada celular basal apresenta apenas uma expressão fraca. Foi demonstrado que pequenas quantidades de sindecano-1 são expressas em fibroblastos e células endoteliais.

O papel do sindecan na cicatrização de feridas também foi estudado, revelando um aumento da expressão do sindecan nas células epiteliais em proliferação e migração da epiderme e nos folículos pilosos e alguma expressão nas células endoteliais vasculares da proliferação e diferenciação do tecido de granulação, sugerindo que o sindecan está envolvido na regulação do fator de crescimento. [49]

CADERINS

A associação célula-célula é frequentemente desorganizada nos tumores, permitindo que as células se desprendam da massa tumoral e invadam e metastizem. O papel da E-Caderina no controlo da motilidade celular levou a que se sugerisse que se trata de uma molécula "supressora da invasão". As células tumorais podem apresentar uma perda total ou parcial da E-Caderina, ou podem manter uma forte expressão com ou sem a capacidade de formar agregados celulares.

A maioria dos carcinomas apresenta graus variáveis de perda de expressão, embora esta seja frequentemente mais proeminente em tumores pouco diferenciados ou nas frentes de avanço das lesões.

Diminuição da E-caderina associada a

- Aumento da agressividade.
- Metástases.
- Progressão do carcinoma
- Mau prognóstico.

A expressão da E-caderina também tem sido utilizada na tentativa de prever a sobrevivência dos doentes. Yamada et al. (1997) demonstraram que a perda de E-caderina estava correlacionada com os estádios clínicos III e IV, o que, por si só, está associado a uma sobrevivência reduzida.

O papel da E-caderina é ligar as células epiteliais entre si e manter a integridade do epitélio estratificado. Geralmente, os carcinomas orais mais agressivos apresentam uma perda de coesão das células epiteliais, o que está frequentemente associado a uma redução da expressão da E-caderina.

No entanto, a perda de coesão pode também dever-se a uma redução da função da E-caderina em resultado de uma mutação da sequência ou de anomalias nos complexos caderina-catenina. A transfecção da E-caderina numa linha celular de carcinoma da próstata E-caderina-negativa resultou numa redução da produção de MMP-2 e numa diminuição concomitante da invasividade.

CATENIN

As cateninas são uma família de proteínas que se encontram em complexos com as moléculas de adesão celular caderina das células animais. As duas primeiras cateninas que foram identificadas ficaram conhecidas como α-catenina e β-catenina. A-catenina pode ligar-se à β-catenina e pode também ligar-se à actina. A B-catenina liga-se ao domínio citoplasmático de algumas caderinas. Foram identificadas outras cateninas, como a γ-catenina e a δ-catenina. O nome "catenina" foi originalmente selecionado ("catena" significa "cadeia" em latim) porque se suspeitava que as cateninas poderiam ligar as caderinas ao citoesqueleto.

As células de carcinoma embrionário F9 são semelhantes às células Pl9 e têm normalmente uma adesão célula-a-célula mediada pela E-caderina com a P-catenina ligada ao domínio citoplasmático da E-caderina. As células F9 foram geneticamente modificadas para carecerem de P-catenina, resultando numa maior associação da plaquoglobina à E-caderina. Em

Células F9 com falta de β-catenina e plaquoglobina, muito pouca E-caderina e α-catenina acumuladas na superfície celular. Os ratinhos com falta de β-catenina têm embriões defeituosos. Os ratinhos concebidos para terem especificamente células do endotélio vascular deficientes em β-catenina apresentaram uma adesão perturbada entre as células endoteliais vasculares. Os ratinhos com falta de plaquoglobina apresentam defeitos de adesão celular em muitos tecidos, embora a β-catenina substitua a plaquoglobina em muitas junções celulares. Os queratinócitos concebidos para não expressar a alfa-catenina interromperam a adesão celular e activaram o NF-κB. Uma linha de células tumorais com δ-catenina defeituosa, baixos níveis de E-caderina e fraca adesão célula a célula pode ser restaurada para a morfologia epitelial normal e aumentar os níveis de E-caderina pela expressão de níveis normais de δ-catenina funcional.

A β-catenina também desempenha provavelmente um papel significativo em várias formas de desenvolvimento do cancro. No entanto, em contraste com a α-catenina, os níveis elevados de β-catenina podem estar associados à carcinogénese. Em particular, as interações anormais entre as células epiteliais e a matriz extracelular estão associadas à sobre-expressão destas β-cateninas e à sua relação com as caderinas em alguns cancros. A estimulação da via Wnt/β-catenina, e o seu papel na promoção de formações tumorais malignas e metástases, também tem sido implicada nos cancros. [42,50]

CITOQUERATINAS (CK)

As citoqueratinas são os membros mais complexos da família das proteínas de filamento intermédio; as citoqueratinas são as principais proteínas estruturais das células epiteliais, compreendendo uma vasta série de polipéptidos com peso molecular entre 40 e 68 quilodaltons (KDa). As citoqueratinas são colecções de mais de 20 proteínas com 8-10 nm de diâmetro. Estão divididas em subfamílias ácidas (tipo 1) e básicas (tipo 2).

- Tipo 1/ácido/baixo peso molecular: CK 9 -23
- Tipo 2/ básico/ de elevado peso molecular: CK 1-8

A composição dos filamentos de queratina varia de alguns polipéptidos a 19 polipéptidos diferentes. Na prática, as citoqueratinas são mais frequentemente pensadas nas formas de citoqueratinas de baixo peso molecular (citoqueratinas 8, 18, 19) e citoqueratinas de alto peso molecular (1,5, 10 e 14).

Tabela: Expressão da citoqueratina em diferentes tipos de epitélio.

CKs	NORMAL ORAL MUCOSA

CK 5 and 14	Basal cell layer of keratinized and nonkeratinized mucosa.
CK 1 and 10	Early markers of keratin differentiation; expressed in stratum spinosum. Expression declines in upper layers.
CK 4 and 13	Nonkeratinized stratified squamous epithelium.
CK 19	Major component of simple epithelium. Mainly expressed in basal layers of non keratinized mucosa.
	ODONTOGENIC EPITHELIUM
CKs 7, 13, 14,19	Dental lamina/enamel organ
CK 14	At inner enamel epithelium of early bell stage.
CK 19	At inner enamel epithelium at ameloblastic differentiation
CK 7	Stellate reticulum
	SALIVARY GLANDS

CK 18,19	Epithelial elements of salivary glands
CK 7	Ductal luminal cells
CK 14	Ductal non luminal cells
CK 13,16	Reserve cells

As CKs ganharam importância como marcadores úteis para o diagnóstico de tumores de origem epitelial. Na malignidade, os tecidos epiteliais podem perder caraterísticas em graus variáveis, resultando na ausência de uma morfologia epitelial reconhecível. Pode haver variações na expressão da queratina em comparação com a do tecido normal, dependendo do grau de diferenciação dos tumores epiteliais. Esta propriedade das queratinas permite a sua utilização efectiva, em combinação com outras alterações, como marcadores tumorais para a transformação maligna em tumores epitelióides.
As queratinas como marcadores tumorais têm duas aplicações principais:

1. Na distinção entre tumores epiteliais e não epiteliais.
2. Na distinção do tipo de tumor epitelial. As queratinas têm sido utilizadas eficazmente como marcadores de carcinomas epiteliais, especialmente os de origem estratificada de células escamosas, por exemplo, carcinomas do pulmão, carcinomas da mama, carcinomas da bexiga urinária, timomas e carcinomas do colo do útero. A queratina tem sido utilizada como marcador diferencial em tumores da tiroide, gastrointestinais, da próstata, do pulmão e da mama.

A positividade da citoqueratina ajuda a corroborar o diagnóstico de carcinoma e exclui tipicamente a possibilidade de sarcoma, linfoma maligno ou melanoma. As possíveis excepções incluem o sarcoma sinovial, o condroma, o sarcoma de Ewing, o rabdomiossarcoma, o tumor desmoplásico de células redondas da infância e o sarcoma epitelioide, em que o sarcoma sinovial e os sarcomas epitelióides apresentam uma verdadeira diferenciação epitelial e a expressão habitual da citoqueratina. A verdadeira diferenciação epitelial é a expressão habitual de citoqueratinas e de outras proteínas epiteliais, como as desmoplaquinas e a ocludina. Os anticorpos contra a citoqueratina 7 e 19 para o sarcoma sinovial e a citoqueratina 5/6 no sarcoma epitelioide podem ser úteis para o diagnóstico.

Algumas células tumorais apresentam ocasionalmente uma expressão anómala de citoqueratina; nessas células, a citoqueratina está presente apenas numa porção do citoplasma, produzindo frequentemente um padrão de imunomarcação perinuclear ou em forma de ponto. É particularmente observada em tumores do músculo liso, tumores de células endoteliais e melanomas metastáticos. Pelo menos 30 % dos leiomiossarcomas manifestam citoqueratina. O padrão em forma de ponto nem sempre é uma indicação de citoqueratina anómala, uma vez que é tipicamente observado em alguns carcinomas neuroendócrinos, incluindo carcinomas de pequenas células e tumores de células de Markel e em tumores rabdóides extra renais.

A co-expressão da citoqueratina num padrão muito semelhante ao da expressão anómala é observada em tumores de pequenas células redondas da infância, como o sarcoma de Ewing/PNET, o rabdomiossarcoma, o tumor de Wilms e o tumor desmoplásico de pequenas células redondas.

A queratina é também um marcador fiável para

(i) Carcinomas indiferenciados e anaplásicos

(ii) Células de carcinoma infiltrante de crescimento desigual

(iii) Metastização de células de carcinoma individuais em suspensão.

Estão atualmente disponíveis anticorpos monoclonais para uma vasta gama de proteínas de queratina. Para maximizar a deteção de citoqueratinas, é obrigatória a proteólise ou a recuperação de epítopos mediada por micro-ondas em tampão citrato antes da aplicação de anticorpos primários a secções de parafina. Uma vez que, na maioria dos casos, a questão é saber se uma citoqueratina está ou não presente numa determinada neoplasia, podem ser preparadas combinações ou "cocktails" de anticorpos monoclonais para avaliar a mais ampla gama de pesos em quilodalton.

Os "cocktails" de queratina são os mais úteis no diagnóstico de tumores epiteliais pouco diferenciados, mas os anticorpos monoespecíficos de queratina também apresentam vantagens distintas em determinadas circunstâncias. Por exemplo, o carcinoma de células de Merkel da pele, uma pequena neoplasia maligna indiferenciada de células redondas, expressa regularmente a queratina 20.

Vários factores podem explicar a imunomarcação positiva da citoqueratina em tumores sem expressão verdadeira de citoqueratina. Estes incluem a utilização de anticorpos em concentrações inadequadamente elevadas, especificidades potencialmente alteradas após a utilização da técnica de recuperação de epítopos induzida pelo calor e reatividade cruzada de anticorpos anti-cistoqueratinas com outras proteínas. É importante distinguir as células citoqueratinas positivas reactivas, como os fibroblastos submesoteliais, das células neoplásicas. Ao utilizar um painel de anticorpos, o patologista pode geralmente evitar interpretações erróneas que possam resultar do "mau comportamento" de um anticorpo. [15,21,42]

CD44

A metástase de células tumorais envolve um processo de várias etapas através do qual as células tumorais adquirem a capacidade de se destacar do foco tumoral primário, invadir tecidos e vasos sanguíneos locais e, finalmente, crescer em novos ambientes teciduladores. A expressão de CD44 é importante no caso de metástases tumorais.

A CD44 é uma glicoproteína transmembranar expressa em várias células hematopoiéticas e não hematopoiéticas, incluindo todos os subgrupos de leucócitos, eritrócitos, muitos tipos de epitélio, elementos mesenquimatosos como fibroblastos e células musculares lisas, e células gliais do sistema nervoso central.

O CD44 está envolvido nas interações célula-célula e célula-matriz. O gene que codifica o CD44 encontra-se no braço curto do cromossoma humano 11. O CD44 está presente nas interações entre linfócitos e células endoteliais, na adesão de células a proteínas da matriz extracelular, na adesão homotípica, na ativação e adesão de células T, na libertação de citocinas e na metástase de carcinomas.

Os tipos de cancro que expressam um nível elevado de CD44 têm um pior prognóstico quando comparados com tumores que têm uma expressão baixa de CD44. A agregação de CD44 na célula cria um local de ligação para a MMP-9 ativa. A forma principal de 90 kDa desta molécula (CD44H) está presente na maioria das células hematopoiéticas, enquanto as formas maiores de 140-230 kDa (CD44v) se encontram nos queratinócitos e nas linhas celulares de carcinoma. Não foi demonstrado um padrão consistente de expressão de CD44v no carcinoma espinocelular da cabeça e do pescoço. Vários estudos encontraram uma regulação negativa. [42]

MMP

As MMPs são uma superfamília de 17 proteinases neutras geneticamente distintas, mas estruturalmente relacionadas, que participam tanto na remodelação fisiológica dos tecidos como na sua destruição patológica. São sintetizadas por células do tecido conjuntivo, como fibroblastos, osteoblastos e também por células epiteliais, odontoblastos e hidrolisam componentes da MEC. A MMP-1 degrada principalmente os colagénios I, II e III. As gelatinases (MMPs 2 e 9) degradam principalmente o colagénio desnaturado e o colagénio tipo IV, e as matrilisinas MMP-7 e -26 digerem vários componentes da matriz, que incluem a fibronectina e o colagénio tipo IV. A MMP -3 (estromelisina-1) é capaz de degradar a laminina, a fibronectina e o colagénio de tipo IV. A proteólise da matriz tem sido reconhecida como uma parte fundamental do mecanismo de invasão das células tumorais. As células tumorais devem ser capazes de atravessar barreiras como a membrana basal com a ajuda de MMPs, facilitando assim a invasão tumoral e/ou metástases. A expressão de MMP está elevada nas metástases dos gânglios linfáticos cervicais e na invasão vascular em doentes com tumores da cavidade oral. A expressão de MMP está elevada em várias neoplasias malignas diferentes e a sua expressão tem sido correlacionada com o comportamento agressivo do tumor e o mau prognóstico dos doentes. '

Laminina

A laminina é um dos principais componentes glicoproteicos da membrana basal, liga-se a moléculas de adesão celular específicas para formar ligações entre as membranas celulares. A perda de laminina encontra-se em áreas de carcinoma in situ e de invasão tumoral. A laminina é mais bem expressa nos vasos sanguíneos do que nos vasos linfáticos, mas não permite uma distinção nítida entre estes dois.[34,42]

Osteopontina (OPN)

A osteopontina (OPN) é uma proteína associada à matriz extracelular expressa em vários tecidos como o osso, a cartilagem, o cérebro e o rim. A OPN também aparece em fluidos biológicos, incluindo o sangue. A ligação do ligando da OPN a várias integrinas leva à ativação de vias de sinalização a jusante envolvidas na progressão tumoral e nas metástases. Em vários tipos de cancro, a expressão da OPN é elevada em comparação com o tecido normal e os níveis elevados de expressão da OPN estão correlacionados com a agressividade do tumor, as metástases e o prognóstico. Foram realizados estudos para avaliar a expressão da OPN numa série maior de carcinomas das glândulas salivares e para correlacionar o grau de expressão com factores de prognóstico conhecidos. Os carcinomas das glândulas salivares expressam a OPN. Os carcinomas adenóides císticos têm a pontuação média mais elevada e também, em comparação com os carcinomas mucoepidermóides e os carcinomas de células acínicas, a maior proporção de carcinomas com pontuação elevada. No entanto, parece que o nível de expressão da OPN nos carcinomas das glândulas salivares não se correlaciona com factores de prognóstico conhecidos.

EXPRESSÃO GENÉTICA NO PRÉ-CANCRO ORAL

As leucoplasias orais são o tipo mais frequente de lesões pré-cancerosas orais; apresentam uma taxa variável de transformação maligna em carcinoma espinocelular oral. Não existem meios para prever com certeza o risco de transformação cancerosa. O risco de malignidade da leucoplasia inclui o tipo clínico, a localização, a presença e o grau de displasia epitelial e o tabagismo. A displasia epitelial oral é classificada como inexistente, ligeira, moderada ou grave, com base em achados histopatológicos. Para além disso, o grau de displasia epitelial parece ser um indicador de desenvolvimento maligno. No entanto, reconhece-se que, ocasionalmente, as lesões não displásicas podem transformar-se em cancro, enquanto nem todas as lesões displásicas se tornam malignas. Existem vários relatórios sobre a aplicação de marcadores biológicos moleculares para a avaliação do risco de cancro, como a heterozigotia ou a instabilidade de microssatélites. No entanto, não se chegou a um acordo geral sobre a utilização de qualquer um deles no diagnóstico de rotina. O diagnóstico da leucoplasia continua, na sua maioria, a depender de observações clínicas e histopatológicas tradicionais. Por conseguinte, é necessário identificar os biomarcadores fiáveis que são potenciais para a transformação maligna.

A decifração final da sequenciação completa do genoma humano, juntamente com a melhoria das tecnologias de elevado rendimento, está a causar uma transformação fundamental na investigação do cancro. A análise de microarray permite avaliar um grande número de potenciais genes candidatos e vias que podem estar relacionados com a carcinogénese e as metástases nos gânglios linfáticos cervicais do carcinoma espinocelular da cabeça e do pescoço. Vários estudos já demonstraram a utilidade desta técnica para identificar novos genes relacionados com o cancro e genes preditivos de metástases nos gânglios linfáticos cervicais.

Para identificar os novos biomarcadores que predizem o seu potencial de transformação maligna da leucoplasia, é necessário investigar o perfil de expressão genética da leucoplasia para diferenciar os casos de displasia ligeira dos casos de displasia grave. O perfil de expressão genética por microarranjos de oligonucleótidos pode vir a ser o novo diagnóstico genético da displasia epitelial oral e pode também fornecer informações importantes sobre os mecanismos moleculares da carcinogénese oral.

O novo sistema de diagnóstico genético da displasia epitelial foi efectuado com microarray de oligonucleótidos. Foi utilizado para analisar os padrões de expressão de 29 952 genes em 10 doentes com leucoplasia oral. Compararam as diferentes expressões de genes entre casos de displasia ligeira e casos de displasia grave. Concluíram que o perfil de expressão genética identificado através de microarranjos de oligonucleótidos pode revelar-se um novo marcador de transformação epitelial oral para diagnóstico genético e pode também fornecer informações valiosas para uma melhor compreensão da carcinogénese oral.

A análise do genoma completo foi efectuada através de hibridação genómica comparativa por tiling-path array para um painel raro de lesões pré-malignas orais em fase inicial e tardia (n = 62), todas elas com um extenso acompanhamento longitudinal (>10 anos). Foram criados perfis genómicos para carcinomas orais de células escamosas (n = 24) para comparação. Foi efectuada uma análise paralela das alterações do genoma e dos parâmetros clínicos para identificar as caraterísticas associadas à progressão da doença. As alterações genómicas nas displasias de baixo grau que progridem para doença invasiva assemelham-se mais às observadas na doença em fases mais avançadas do que às observadas nas displasias de baixo grau que não progridem. Este facto verificou-se apesar da semelhança histopatológica entre os casos que progridem e os que não progridem. Surpreendentemente, a análise computacional imparcial dos dados de alterações genómicas classificou corretamente quase todos os casos de displasia de baixo grau em progressão. Os dados demonstraram que a análise genómica de alta resolução pode ser utilizada para avaliar o risco de progressão em lesões orais pré-malignas de baixo grau, o que representa uma melhoria significativa em relação às abordagens histopatológicas actuais que não conseguem delinear o risco de progressão. As tecnologias do genoma completo podem ser utilizadas em estratégias de gestão para [1 R] doentes que apresentem lesões orais pré-cancerosas.

A hMLHl é uma proteína do sistema de reparação de incompatibilidades dos mamíferos responsável pela estabilidade genómica durante a duplicação repetida. A relação entre as suas expressões alteradas e a instabilidade de microssatélites foi também observada em leucoplasias orais (LO) e carcinomas de células escamosas, apontando para um possível papel da hMLHl na carcinogénese oral. A imunoexpressão da hMLHl foi inversamente relacionada com o grau de displasia das OL. O índice total de hMLHl epitelial parece ser de maior relevância clínica do que a avaliação estratificada por camadas. A hMLHl no OL mostrou índices decrescentes de um menor grau de displasia para um maior. Para comparações entre LH com diferentes graus de displasia, a avaliação do índice hMLHl total pode ser mais relevante do que considerar as camadas separadamente, uma vez que a expressão alterada de hMLHl, e talvez o MSI, podem ser eventos precoces no processo carcinogénico.

ENSAIO DE MICRONÚCLEOS

Ensaio micronuclear em células esfoliadas orais de indivíduos escolhidos com leucoplasia e carcinoma espinocelular (CEC) utilizando colorações fluorescentes (laranja de acridina) e convencionais (Feulgen). Os resultados foram analisados utilizando o teste U de Mann-Whitney, o teste de Kruskal-Wallis, a correlação de Spearman e o pacote estatístico SPSS. A frequência de ocorrência percentual média de células micronucleadas aumentou significativamente em comparação com os controlos com leucoplasia e carcinoma de células escamosas. Os indivíduos com sinergismo de hábitos orais anormais também apresentaram aumento de células micronucleadas. A coloração fluorescente foi considerada mais sensível do que a convencional para a deteção de micronúcleos. Os resultados demonstram claramente que o ensaio de micronúcleos em células esfoliadas orais pode ser utilizado como um marcador simples e fiável para avaliar a genotoxicidade e para o diagnóstico precoce de lesões pré-malignas e malignas. O ensaio do micronúcleo é, assim, uma ferramenta fácil para a deteção precoce do cancro.[16]

O carcinoma espinocelular da cabeça e do pescoço (CECP) está associado a uma mortalidade e morbilidade consideráveis e constitui um importante problema de saúde pública a nível mundial. Os genes mais frequentemente encontrados com expressão alterada foram os que codificam proteínas do citoesqueleto e da matriz extracelular, mediadores inflamatórios, proteínas envolvidas na diferenciação epidérmica e moléculas de adesão celular. Os resultados da análise GenMapp 2.0 sugeriram uma regulação negativa global dos genes que codificam as proteínas ribossómicas e as enzimas da via de biossíntese do colesterol; e uma regulação positiva dos genes que codificam as metaloproteinases da matriz e dos genes relacionados com a resposta inflamatória. Existem vários genes e vias que exibem uma expressão substancialmente alterada em estados cancerosos e não cancerosos. Uma investigação mais aprofundada sobre as consequências genómicas, proteómicas e funcionais destas alterações da expressão genética pode fornecer informações sobre a fisiopatologia do CECP.

Nas últimas décadas, têm sido investigadas diferentes moléculas e algumas delas podem representar ferramentas de prognóstico úteis para o CCEO. Os marcadores mais relevantes parecem ser representados pelo EGF e o seu recetor (que estão relacionados com a proliferação celular); o gene supressor de tumores p53; as moléculas angiogénicas VEGF e integrina; bem como os reguladores da adesão celular, como as caderinas. Apesar das provas convincentes sobre a importância destes marcadores biológicos, a sua aplicação clínica é ainda limitada. A este respeito, são necessários esforços para estabelecer uma melhor correlação entre os estudos experimentais e o cenário clínico. Sem dúvida, isto resultaria numa determinação mais exacta do prognóstico e em novos avanços terapêuticos para o CCEO. [1]

CAPÍTULO 3

RESUMO

A carcinogénese oral é um processo multifatorial que envolve numerosos eventos genéticos que alteram as funções normais dos oncogenes e dos genes supressores de tumores. Isto pode aumentar a produção de factores de crescimento ou o número de receptores na superfície celular, e/ou aumentar os factores de transcrição ou os mensageiros de sinais intracelulares. Juntamente com a perda de atividade dos supressores tumorais, estas alterações conduzem a um fenótipo celular que pode aumentar a proliferação celular, com perda de coesão celular, e a infiltração de tecidos adjacentes, causando assim metástases à distância. A patologia molecular é responsável pela definição dos mecanismos moleculares que estão na base do aparecimento do pré-cancro e do cancro oral. Avanços recentes no controlo molecular das inúmeras vias relacionadas com a carcinogénese. Estes podem conduzir a melhorias a curto ou médio prazo no diagnóstico e prognóstico das lesões orais pré-cancerosas e cancerosas e ao desenvolvimento de novas abordagens terapêuticas para esta doença.

Os progressos na oncologia molecular fizeram avançar significativamente o conhecimento da tumorigénese. Apesar dos grandes avanços na patologia molecular do carcinoma da cabeça e do pescoço, continuam a existir numerosas lacunas no nosso conhecimento dos marcadores moleculares envolvidos na carcinogénese oral. Nenhum dos marcadores moleculares, isoladamente ou em combinação, parece estar pronto para ser utilizado em práticas de diagnóstico clínico de rotina. O carcinoma oral de células escamosas parece ter um carácter multifocal, sendo que apenas metade se desenvolve no mesmo local de uma leucoplasia anterior. Estão implicados mecanismos moleculares complexos e a identificação de um marcador único para prever os resultados em todas as lesões pré-malignas orais continua a ser um desafio difícil. Entre os marcadores registados encontram-se os que indicam a ativação de oncogenes, por exemplo, ras, EGFR, PRAD-1, e a inativação de genes supressores de tumores, nomeadamente p53, pRb. O seu estudo pode contribuir para a procura de marcadores moleculares fiáveis para o desenvolvimento do cancro oral.

Estão a surgir outras abordagens de patologia molecular, incluindo a avaliação da hipermetilação das regiões promotoras de determinados genes como interações tumor-estroma, que poderão fornecer dados novos e promissores. No entanto, é essencial mais investigação para clarificar o papel e o significado clínico destas alterações moleculares, permitindo a sua utilização como marcadores de diagnóstico e prognóstico eficazes para melhorar a gestão destes doentes.

CAPÍTULO 4

BIBLIOGRAFIA : -

1. Filipe Ivan Daniel, Marcia Fava, Renata da, Rocha Hoffmann, Maria Martha Campos, Liliane Soares Yurgel; Main Molecular Markers of Oral Squamous Cell Carcinoma; Applied Cancer Research 2010;30(3)279- 288.
2. J. Campo-Trapero, J. Cano-Sanchez, B. Palacios-Sanchez, Jj. Sanchez-Gutierrez, M.A. Gonzalez-Moles, A. Bascones-Martinez; Atualização da patologia molecular no cancro oral e pré-cancro; Anticancer Research 28: 1197-1206(2008).
3. Gayani Pitiyage, W. M. Tilakaratne, Mahvash Tavassoli, Saman Wamakulasuriya; Marcadores moleculares na displasia epitelial oral: revisão; J Oral Pathol Med (2009) 38: 737-752.
4. Murti PR, Wamakulasuriya KAAS, Johnson NW, Bhonsle RB, Gupta PC, Daftary DK, Mehta FS: expressão de p53 em pré-cancro oral como marcador de potencial maligno. J Oral Pathol Med 1998; 27: 191-6.
5. Wamakulasuriya KAAS, Johnson NW; Expressão da fosfoproteína nuclear mutante p53 no carcinoma oral e em lesões orais potencialmente malignas; J Oral Pathol Med 1992; 21; 404-408.
6. Majid Ebrahimi, Karin Nylander, Isaac van der Waal; Oral lichen planus and the p53 family; J Oral Pathol Med (2011) 40: 281-285.
7. Sopee Poomsawat, Waranun Buajeeb, Siribang-on Piboonniyom Khovidhunkit, Jirapa Punyasingh; Overexpression of cdk4 and pl6 in oral lichen planus supports the concept of premalignancy; J Oral Pathol Med (2011)40: 294-299.
8. Wasim Nasser, Christa Flechtenmacher, Dana Holzinger, Christof Hofele, Franz X. Bosch; Expressão aberrante de p53, pl6INK4a e Ki-

   61 como biomarcador básico para a progressão maligna de leucoplasias orais; J Oral Pathol Med (2011) 40: 629-635.

9. Judith Jones, Fiona M, Watt e Paul M, Speight; Changes in the expression of a_v integrins in oral squamous cell carcinomas; J Oral Pathol Med 1997: 26: 6i-8.

10. M. Y. P. Kuo, H. H. Chang, L. J. Hahn, J. T. Wang e C. P. Chiang; Elevated ras p21 expression in oral premalignant lesions and squamous cell carcinomas in Taiwan; / Oral Pathol Med 1995; 24: 255- 260.

11. S Kannan, G Jagadeesh Chandran, K Raveendran Pillai, Babu Mathew, K Sujathan,K R Nalinakumary, M Krishnan Nair; Expressão de p53 em leucoplasia e carcinoma de células escamosas da mucosa oral: correlação com a expressão de Ki67; J Clin Pathol: Mol Pathol 1996;49:M170-Mi75.

12. Yuri Kuribayashi, Kei-ichi Morita, Hirofumi Tomioka, Masaru Uekusa, Daisuke Ito, Ken Omura; Análise da expressão genética por microarray de oligonucleótidos na leucoplasia oral; J Oral Pathol Med (2009) 38: 356-361.

13. Waranun Buajeeb, Sopee Poomsawat, Jirapa Punyasingh, Sirima Sanguansin; Expressão de pl 6 em cancro oral e lesões pré-malignas; J Oral Pathol Med (2009) 38: 104-108.

14. Tadashi Saito, Takashi Nakajuma, Kenji Mogi; Immunohistochemical analysis of cell cycle-associated proteins pl6, pRb, p53, p27 and ki-67 in oral cancer and precancer with special reference to verrucous carcinomas; J oral pathol Med 1999: 28: 226-232.

15. K. Ranganathan, R. Kavitha, S. S. Sawant, M. M. Vaidya; Cytokeratin expression in oral submucous fibrosis - an immunohistochemical study; J Oral Pathol Med (2006) 35: 25-32.

16. Mala Kamboj & Sumita Mahajan; Micronucleus-an upcoming marker of genotoxic damage; Clin Oral Invest (2007) 11:121-126.

17. Yao Fong, Shan-Ju Chou, Kai-Feng Hung, Ho-Tai Wu" Shou-Yen Kao; Uma investigação da expressão diferencial da expressão do gene Her2/neu na mucosa oral normal, displasia epitelial e carcinoma de células escamosas oral em Taiwan; J Chin Med Assoc - março de 2008 - Vol 71 - N.º 3.

18. Cathie Gamis, Raj Chari, Timon PH Buys, Lewei Zhang, Raymond T Ng, Miriam P Rosin e Wan L Lam; Genomic imbalances in precancerous tissues

signal oral cancer risk; Molecular Cancer 2009, 8:50.

19. Antonio Cutando, Jose' Anciros-Fcma' ndez, Jose' Aneiros- Cachaza, Salvador Arias-Santiago; Melatonin and cancer: current knowledge and its application to oral cavity tumours; J Oral Pathol Med (2011)40: 593-597.

20. Patricia Carlos Caldeira, Mauro Henrique Nogueira Guimaraes Abreu, Aline Carvalho Batista, Maria Auxiliadora Vieira do Carmo; hMLHl immunoexpression is related to the degree of epithelial dysplasia in oral leukoplakia; J Oral Pathol Med (2011) 40: 153-159.

21. Uta J. E. Thiel, Ralph Feltens, Boris Adryan, Rita Gieringer, Christoph Brochhausen, Robert Schuon, Thomas Fillies, Franz Grus, Wolf J. Mann, Juergen Brieger; Análise de proteínas diferencialmente expressas no carcinoma de células escamosas oral por MALDI-TOF MS; J Oral Pathol Med (2011) 40: 369-379.

22. Michael Ryott, Linda Marklund, Darawalee Wangsa, Goran Elmberger, Eva Munck-Wikland; Cyclooxygenase-2 expression in oral tongue squamous cell carcinoma; J Oral Pathol Med (2011) 40: 385-389.

23. Cheng-Chieh Yang, Pei-Shih Hung, PeiWen Wang, Chung-Ji Liu, Ting-Hui Chu, Hui-Wen Cheng, Shu-Chun Lin; miR-181 como um biomarcador putativo para metástases nos gânglios linfáticos do carcinoma oral de células escamosas; J Oral Pathol Med (2011) 40: 397^04.

24. Nadia Lago Costa, Andreia Souza Goncalves, Nathalia Caroline Souza-Lima, Luis Gustavo Jaime-Paiva, Ana Paula Junqueira-Kipnis, Tarcilia Aparecida Silva, Elismauro Francisco Mendonca, Aline Carvalho Batista; Distinct expression of perforin and granzyme B in lip and oral cavity squamous cell carcinoma; J Oral Pathol Med (2011) 40: 380-384.

25. Md. Shahidul Ahsan, Manabu Yamazaki, Satoshi Maruyama, Takanori Kobayashi, Hiroko Ida-Yonemochi, Mayumi Hasegawa, Adeola Henry Ademola, Jun Cheng, Takashi Saku; Expressão diferencial dos receptores de perlecano, a-distroglicano e integrina bl, antes e depois da invasão do carcinoma

espinocelular oral; J Oral Pathol Med (2011) 40: 552-559.

26. Kristine Bjomdal, Stine R. Larsen, Christian Godballe, Annelise Krogdahl; Osteopontin expression in salivary gland carcinomas; J Oral Pathol Med (2011) 40: 451^55.

27. Yu-Hsin Tseng, Cheng-Chieh Yang, Shu-Chun Lin, Chia-Chen Cheng, Shu-Hui Lin, Chung-Ji Liu, Kuo-Wei Chang; O extrato de noz de areca regula positivamente a vimentina através da ativação da sinalização PI3K /AKT no carcinoma oral; J Oral Pathol Med (2011) 40: 160-166.

28. Andre Luis Ribeiro Ribeiro, Rafaela Moutinho Nobre, Gabriela Cristina Marcal Avertano Rocha, Isabella Haber de Souza Lobato, Sergio de Melo Alves Junior, Ruy Gastaldoni Jaeger, Joao de Jesus Viana Pinheiro; Expressão da metalotioneína no ameloblastoma. Uma molécula reguladora; J Oral Pathol Med (2011) 40: 516-519.

29. Rui Amaral Mendes, João F. C. Carvalho, Isaac van der Waal; Potencial relevância da expressão da ciclooxigenase-2 em tumores odontogénicos queratocísticos - um estudo imunohistoquímico; J Oral Pathol Med (2011)40: 497-503.

30. Patricia Carlos Caldeira, Maria Cassia Ferreira Aguiar, Ricardo Alves Mesquita, Maria Auxiliadora Vieira do Carmo; Leucoplasias orais com diferentes graus de displasia: estudo comparativo de hMLHl, p53 e AgNOR; J Oral Pathol Med (2011) 40: 305-311.

31. Fernanda Salgueiredo Giudice, Aluana Maria da Costa Dal Vechio, Aline Correa Abrahao, Felipe Fomias Sperandio, Decio dos Santos Pinto- Junior; Different expression patterns of pAkt, NF-jB and cyclin DI proteins during the invasion process of head and neck squamous cell carcinoma: an in vitro approach; J Oral Pathol Med (2011) 40: 405-411.

32. Phuong T. Nguyen, Yasusei Kudo, Maki Yoshida, Shinji Iizuka, Ikuko Ogawa, Takashi Takata; A expressão da N-caderina está correlacionada com a metástase do carcinoma de células fusiformes da região da cabeça e do pescoço; J Oral

Pathol Med (2011) 40: 77-82.

33. eter Choi, Chu Chen; Genetic Expression Profiles and Biologic Pathway Alterations in Head and Neck Squamous Cell Carcinoma; Cancer 2005; 104: 1113-28. © 2005 American Cancer Society.

34. Massoumeh Zargaran, Nosratollah Eshghyar, Pejman Bakianian Vaziri, Hamed Mortazavi; Immunohistochemical evaluation of type IV collagen and laminin-332 c2 chain expression in well-differentiated oral squamous cell carcinoma and oral verrucous carcinoma: a new recommended cut-off; J Oral Pathol Med (2011) 40: 167-173.

35. Cyntia H. P. de Carvalho, Cassiano F. W. Nonaka, Cristina R. F. de Araujo, Lelia B. de Souza,Leao P. Pinto; Imunoexpressão da proteína morfogenética óssea-2 (BMP-2), recetor BMP tipo IA e recetor BMP tipo II em carcinoma espinocelular de lábio inferior metastático e não metastático; J Oral Pathol Med (2011) 40: 181-186.

36. Sunali Khanna; Marcadores imunológicos e bioquímicos na carcinogénese oral: A Perspetiva da Saúde Pública; Int. J. Environ. Res. Public Health 2008, 5(5) 418-422.

37. Mark Yen-Ping Kuo, Jehn-Shyun Huang, Sang-Heng Kok, Ying- Shiung Kuo,Chun-Pin Chiang; Papel prognóstico da expressão de p21WAFl no carcinoma espinocelular oral associado à mastigação de areca e ao tabagismo em Taiwan; J Oral Pathol Med 2002: 31: 16-22.

38. Z.P. Pavelic, M. Lasmar, Lj. Pavelic, C. Sorensen, P.J. Stambrook, N. Zimmermann e J.L. Gluckman; Ausência do produto genético do retinoblastoma em carcinomas primários da cavidade oral humana; Oral Oncol, Eur J Cancer Vol. 32B, No. 5, pp. 347-351, 1996.

39. Sanjit Mukheijee, Jay Gopal Ray, Keya Chaudhuri; Microscopic analysis of histological and immunohistochemical sections to differentiate normal, precancer and cancerous oral squamous epithelial tissues; A. Mendez-Vilas and J. Diaz (Eds.) ©FORMATEX 2010 993- 1000.

40.Juan Carlos de Vicentea,, Agustin Herrero-Zapaterob, Manuel Florentino Fresnob, Expression of cyclin DI and Ki-67 in squamous cell carcinoma of the oral cavity: clinicopathological and prognostic significance; Oral Oncology 38 (2002) 301-308.

41.H. Raybaud-Dioghe, B. Tittq R. Morency, A. Fortin e R.A. Montei; p53 Overexpression in Head and Neck Squamous Cell Carcinoma: Review of the Literature; Oral Oncol, Eur J Cnncer, Vol. 32B, No3,pp. 143-149,1996.

42.Scully C, Burkhardt A; Tissue markers of potentially malignant human oral epithelial lesions; J Oral Pathol Med. 1993: 22: 246-256.

43.Jesper Reibel; Prognosis of oral pre-malignant lesions: significance of clinical, histopathological, and molecular biological characteristics; Crit Rev Oral Biol Med; 14(1):47-62 (2003).

44.Kropveld, A.D.M. van Mansfeld, N. Nabben, G.J. Hordijk e P.J. Slootweg; Discordance of p53 Status in Matched Primary Tumours and Metastases in Head and Neck Squamous Cell Carcinoma Patients; Oral Oncol, Eur J Cancer Vol. 32B, No. 6, pp. 388-393, 1996.

45.Antonio Bascones-Martinez, Mercedes Lopez-Duran, Jorge Cano-Sanchez, Lydia Sanchez-Verde, Ana Diez-Rodriguez, Pablo Aguirre-Echebarria, Emilio Alvarez-Fernandez, Miguel Angel Gonzalez-Moles, Jaime Bascones-Ilundain, Lorenzo Lo Muzio, Julian Carnpo-Trapero; Diferenças na expressão de cinco marcadores de senescência no cancro oral, leucoplasia oral e amostras de controlo em humanos; Oncology Letters 3: 1319-1325, 2012.

46.Heather A. Ferguson e James A. Goodrich; Expressão e purificação de c-Fos/c-jun humano recombinante que é altamente ativo na ligação ao ADN e na ativação transcricional in vitro; Nucleic Acids Research, 2001, Vil. 29, No. 20.

47.Chi V. Dang; c-Myc Target Genes Involved in Cell Growth, Apoptosis, and Metabolism; Mol. Cell. Biol. 1999, 19(1):1.

48.Salma Khan, Jessica M. S. Jutzy, Jonathan R. Aspe, Dalmor W. McGregor, Jonathan W. Neidigh, Nathan R. Wall; Survivin é libertada das células cancerígenas através de exossomas; NIH Public Access, Apoptosis. 2011 janeiro; 16(1): 1-12.

49. A Anttonenl, M Kajantil, P Heikkila2, M Jalkanen3 e H Joensuul; Syndecan-1 expression has prognostic significance in head and neck carcinoma; British Journal of Cancer (1999) 79(3/4), 558-564.

50. T. Akiyama; Wnt/b-catenin signalling; Cytokine & Growth Fator Reviews 11 (2000) 273-282.

MIX
Papier aus verantwortungsvollen Quellen
Paper from responsible sources
FSC® C105338

Printed by Books on Demand GmbH, Norderstedt / Germany